ÉPREUVES

DES

CARACTÈRES

DE L'IMPRIMERIE RUE COQ-HÉRON, 5.

MARS 1851.

1234567890 — CINQ FERRUGINEUX COLSON, UN CRAN — 1234567890

INTERLIGNÉ DE DEUX POINTS

Entre la vallée du Jourdain et les plaines de l'Idumée, s'étend une chaîne de montagnes qui commence aux champs fertiles de la Galilée, et va se perdre dans les sables de l'Yémen. Au centre de ces montagnes se trouve un bassin aride, fermé de toutes parts par des sommets jaunes et rocailleux ; ces sommets ne s'entr'ouvrent qu'au levant pour laisser voir le gouffre de la mer Morte et les montagnes lointaines de l'Arabie. Au milieu

INTERLIGNÉ D'UN POINT.

Entre la vallée du Jourdain et les plaines de l'Idumée, s'étend une chaîne de montagnes qui commence aux champs fertiles de la Galilée, et va se perdre dans les sables de l'Yémen. Au centre de ces montagnes se trouve un bassin aride, fermé de toutes parts par des sommets jaunes et rocailleux ; ces sommets ne s'entr'ouvrent qu'au levant pour laisser voir le gouffre de la mer Morte et les montagnes lointaines de l'Arabie. Au milieu

NON-INTERLIGNÉ.

Entre la vallée du Jourdain et les plaines de l'Idumée, s'étend une chaîne de montagnes qui commence aux champs fertiles de la Galilée, et va se perdre dans les sables de l'Yémen. Au centre de ces montagnes se trouve un bassin aride, fermé de toutes parts par des sommets jaunes et rocailleux ; ces sommets ne s'entr'ouvrent qu'au levant pour laisser voir le gouffre de la mer Morte et les montagnes lointaines de l'Arabie. Au milieu

CINQ ITALIQUE FERRUGINEUX COLSON, UN CRAN.

Entre la vallée du Jourdain et les plaines de l'Idumée, s'étend une chaîne de montagnes qui commence aux champs fertiles de la Galilée, et va se perdre dans les sables de l'Yémen. Au centre de ces montagnes se trouve un bassin aride, fermé de toutes parts par des sommets jaunes et rocailleux ; ces sommets ne s'entr'ouvrent qu'au levant pour laisser voir le gouffre de la mer Morte et les montagnes lointaines de l'Arabie.

SIX MARCELLIN, DEUX CRANS BAS.

INTERLIGNÉ DE DEUX POINTS.

Entre la vallée du Jourdain et les plaines de l'Idumée, s'étend une chaîne de montagnes qui commence aux champs fertiles de la Galilée, et va se perdre dans les sables de l'Yémen. Au centre de ces montagnes se trouve un bassin aride, fermé de toutes parts par des sommets jaunes et rocailleux; ces sommets ne s'entr'ouvrent qu'au levant pour laisser voir le gouffre de la mer Morte et les montagnes lointaines de

INTERLIGNÉ D'UN POINT.

Entre a vallée du Jourdain et les plaines de l'Idumée, s'étend une chaîne de montagnes qui commence aux champs fertiles de la Galilée, et va se perdre dans les sables de l'Yémen. Au centre de ces montagnes se trouve un bassin aride, fermé de toutes parts par des sommets jaunes et rocailleux ; ces sommets ne s'entr'ouvrent qu'au levant pour laisser voir le gouffre de la mer Morte et les montagnes lointaines de

NON-INTERLIGNÉ.

Entre la vallée du Jourdain et les plaines de l'Idumée, s'étend une chaîne de montagnes qui commence aux champs fertiles de la Galilée, et va se perdre dans les sables de l'Yémen. Au centre de ces montagnes se trouve un bassin aride, fermé de toutes parts par des sommets jaunes et rocailleux ; ces sommets ne s'entr'ouvrent qu'au levant pour laisser voir le gouffre de la mer Morte et les montagnes lointaines de

1234567890 — SIX THOREY, UN CRAN. — 1234567890.

INTERLIGNÉ DE DEUX POINTS.

Entre la vallée du Jourdain et les plaines de l'Idumée, s'étend une chaine de montagnes qui commence aux champs fertiles de la Galilée, et va se perdre dans les sables de l'Yémen. Au centre de ces montagnes se trouve un bassin aride, fermé de toutes parts par des sommets jaunes et rocailleux; ces sommets ne s'entr'ouvrent qu'au levant pour laisser voir le gouffre de la mer Morte et les mon-

INTERLIGNÉ D'UN POINT.

Entre la vallée du Jourdain et les plaines de l'Idumée, s'étend une chaine de montagnes qui commence aux champs fertiles de la Galilée, et va se perdre dans les sables de l'Yémen. Au centre de ces montagnes se trouve un bassin aride, fermé de toutes parts par des sommets jaunes et rocailleux; ces sommets ne s'entr'ouvrent qu'au levant pour laisser voir le gouffre de la mer Morte et les mon-

NON-INTERLIGNÉ.

Entre la vallée du Jourdain et les plaines de l'Idumée, s'étend une chaine de montagnes qui commence aux champs fertiles de la Galilée, et va se perdre dans les sables de l'Yémen. Au centre de ces montagnes se trouve un bassin aride, fermé de toutes parts par des sommets jaunes et rocailleux; ces sommets ne s'entr'ouvrent qu'au levant pour laisser voir le gouffre de la mer Morte et des mon-

SIX ITALIQUE ÉON, UN CRAN.

Entre la vallée du Jourdain et les plaines de l'Idumée, s'étend une chaine de montagnes qui commence aux champs fertiles de la Galilée, et va se perdre dans les sables de l'Yémen. Au centre de ces montagnes se trouve un bassin aride, fermé de toutes parts par des sommets jaunes et rocailleux; ces sommets ne s'entr'ouvrent qu'au levant pour laisser voir le gouffre de la mer Morte et les montagnes

---

1234567890 — SIX FERRUGINEUX COLSON, DEUX CR. BAS ET UN CR. HAUT. — 1234567890.

INTERLIGNÉ DE DEUX POINTS.

Entre la vallée du Jourdain et les plaines de l'Idumée, s'étend une chaine de montagnes qui commence aux champs fertiles de la Galilée, et va se perdre dans les sables de l'Yémen. Au centre de ces montagnes se trouve un bassin aride, fermé de toutes part par des sommets jaunes et rocailleux; ces sommets ne s'entr'ouvrent qu'au levant pour laisser voir le gouffre de la mer

INTERLIGNÉ D'UN POINT.

Entre la vallée du Jourdain et les plaines de l'Idumée, s'étend une chaine de montagnes qui commence aux champs fertiles de la Galilée, et va se perdre dans les sables de l'Yémen. Au centre de ces montagnes se trouve un bassin aride fermé de toutes parts par des sommets jaunes et rocailleux; ces sommets ne s'entr'ouvrent qu'au levant pour laisser voir le gouffre de la mer

NON-INTERLIGNÉ.

Entre la vallée du Jourdain et les plaines de l'Idumée, s'étend une chaine de montagnes qui commence aux champs fertiles de la Galilée, et va se perdre dans les sables de l'Yémen. Au centre de ces montagnes se trouve un bassin aride, fermé de toutes parts par des sommets jaunes et rocailleux; ces sommets ne s'entr'ouvrent qu'au levant pour laisser voir le gouffre de la mer

SIX ITALIQUE FERRUGINEUX COLSON, DEUX CR. BAS ET UN CR. HAUT.

Entre la vallée du Jourdain et les plaines de l'Idumée, s'étend une chaine de montagnes qui commence aux champs fertiles de la Galilée, et va se perdre dans les sables de l'Yémen. Au centre de ces montagnes se trouve un bassin aride, fermé de toutes parts par des sommets jaunes et rocailleux; ces sommets ne s'entrouvrent qu'au levant pour laisser voir le

---

1234567890 — SEPT FERRUGINEUX (NEUF) COLSON, UN CRAN. — 1234567890.

INTERLIGNÉ DE DEUX POINTS.

Entre la vallée du Jourdain et les plaines de l'Idumée, s'étend une chaine de montagnes qui commence aux champs fertiles de la Galilée, et va se perdre dans les sables de l'Yémen. Au centre de ces montagnes se trouve un bassin aride, fermé de toutes parts par des sommets jaunes et rocailleux; ces sommets ne s'entr'ouvrent qu'au levant pour laisser voir le

INTERLIGNÉ D'UN POINT.

Entre la vallée du Jourdain et les plaines de l'Idumée, s'étend une chaîne de montagnes qui commence aux champs fertiles de la Galilée, et va se perdre dans les sables de l'Yémen. Au centre de ces montagnes se trouve un bassin aride, fermé de toutes parts par des sommets jaunes et rocailleux ; ces sommets ne s'entr'ouvrent qu'au levant pour laisser voir le

NON INTERLIGNÉ.

Entre la vallée du Jourdain et les plaines de l'Idumée, s'étend une chaîne de montagnes qui commence aux champs fertiles de la Galilée, et va se perdre dans les sables de l'Yémen. Au centre de ces montagnes se trouve un bassin aride, fermé de toutes parts par des sommets jaunes et rocailleux ; ces sommets ne s'entr'ouvrent qu'au levant pour laisser voir le

---

1234567890 — SEPT FERRUGINEUX (VIEUX) COLSON, UN CRAN. — 1234567890.

INTERLIGNÉ DE DEUX POINTS

Entre la vallée du Jourdain et les plaines de l'Idumée, s'étend une chaîne de montagnes qui commence aux champs fertiles de la Galilée, et va se perdre dans les sables de l'Yémen. Au centre de ces montagnes se trouve un bassin aride, fermé de toutes parts par des sommets jaunes et rocailleux ; ces sommets ne s'entr'ouvrent qu'au levant pour laisser voir le gouffre

INTERLIGNÉ D'UN POINT.

Entre la vallée du Jourdain et les plaines de l'Idumée, s'étend une chaîne de montagnes qui commence aux champs fertiles de la Galilée, et va se perdre dans les sables de l'Yémen. Au centre de ces montagnes se trouve un bassin aride, fermé de toutes parts par des sommets jaunes et rocailleux ; ces sommets ne s'entr'ouvrent qu'au levant pour laisser voir le gouffre

NON-INTERLIGNÉ.

Entre la vallée du Jourdain et les plaines de l'Idumée, s'étend une chaîne de montagnes qui commence aux champs fertiles de la Galilée, et va se perdre dans les sables de l'Yémen. Au centre de ces montagnes se trouve un bassin aride, fermé de toutes parts par des sommets jaunes et rocailleux ; ces sommets ne s'entr'ouvrent qu'au levant pour laisser voir le gouffre

---

1234567890 — SEPT PASTEUR, DEUX CR. BAS ET UN CR. HAUT. — 1234567890.

Interligné de deux points.

Entre la vallée du Jourdain et les plaines de l'Idumé, s'étend une chaîne de montagnes qui commence au champs fertiles de la Galilée, et va se perdre dans les sables de l'Yémen. Au centre de ces montagnes se trouve un bassin aride, fermé de toutes parts par des sommets jaunes et rocailleux; ces sommets ne s'entr'ouvrent

Interligné d'un point.

Entre la vallée du Jourdain et les plaines de l'Idumée, s'étend une chaîne de montagnes qui commence aux champs fertiles de la Galilée et va se perdre dans les sables de l'Yémen. Au centre de ces montagnes se trouve un bassin aride, fermé de toutes parts par des sommets jaunes et rocailleux; ces sommets ne s'entr'ouvrent

Non-interligné.

Entre la vallée du Jourdain et les plaines de l'Idumée, s'étend une chaîne de montagnes qui commence aux champs fertiles de la Galilée, et va se perdre dans les sables de l'Yémen. Au centre de ces montagnes se trouve un bassin aride, fermé de toutes parts par des sommets jaunes et rocailleux; ces sommets ne s'entr'ouvrent

---

1234567890 — SEPT (GROS OEIL) FERRUGINEUX THOREY, TROIS CRANS.

INTERLIGNÉ DE DEUX POINTS.

Entre la vallée du Jourdain et les plaines de l'Idumée, s'étend une chaîne de montagnes qui commence aux champs fertiles de la Galilée, et va se perdre dans les sables de l'Yémen. Au centre de ces montagnes se trouve un bassin aride, fermé de toutes

INTERLIGNÉ D'UN POINT.

Entre la vallée du Jourdain et les plaines de l'Idumée, s'étend une chaîne de montagnes qui commence aux champs fertiles de la Galilée, et va se perdre dans les sables de l'Yémen. Au centre de ces montagnes se trouve un bassin aride, fermé de toutes parts par des sommets jaunes et rocailleux ; ces sommets ne s'entr'ouvrent qu'au levant

NON-INTERLIGNÉ (les petites capitales sont en 7 Pasteur).

Entre la vallée du Jourdain et les plaines de l'Idumée, s'étend une chaine de montagnes qui commence aux champs fertiles de la Galilée, et va se perdre dans les sables de l'Yémen. Au centre de ces montagnes se trouve un bassin aride, fermé de toutes parts par des sommets jaunes et rocailleux ; ces sommets ne s'entr'ouvrent qu'au levant

SEPT ITALIQUE FERRUGINEUX COLSON, UN CRAN.

(*Servant aux sept romain Colson, Thorey et Pasteur.*)

Entre la vallée du Jourdain et les plaines de l'Idumée, s'étend une chaine de montagnes qui commence aux champs fertiles de la Galilée, et va se perdre dans les sables de l'Yémen. Au centre de ces montagnes se trouve un bassin aride, fermé de toutes parts par des sommets jaunes et rocailleux ; ces sommets ne s'entr'ouvrent qu'au levant pour

---

1234567890 — HUIT FERRUGINEUX (VIEUX) COLSON, UN CRAN.— 1234567890.

INTERLIGNÉ DE DEUX POINTS

Entre la vallée du Jourdain et les plaines de l'Idumée, s'étend une chaîne de montagnes qui commence aux champs fertiles de la Galilée, et va se perdre dans les sables de l'Yémen. Au centre de ces montagnes se trouve un bassin aride, fermé de toutes parts par des sommets jaunes et rocailleux ; ces sommets ne s'entr'ouvrent

INTERLIGNÉ D'UN POINT.

Entre la vallée du Jourdain et les plaines de l'Idumée, s'étend une chaîne de montagnes qui commence aux champs fertiles de la Galilée, et va se perdre dans les sables de l'Yémen. Au centre de ces montagnes se trouve un bassin aride, fermé de toutes parts par des sommets jaunes et rocailleux ; ces sommets ne s'entr'ouvrent

NON-INTERLIGNÉ.

Entre la vallée du Jourdain et les plaines de l'Idumée, s'étend une chaîne de montagnes qui commence aux champs fertiles de la Galilée, et va se perdre dans les sables de l'Yémen. Au centre de ces montagnes se trouve un bassin aride, fermé de toutes parts par des sommets jaunes et rocailleux ; ces sommets ne s'entr'ouvrent

---

HUIT FERRUGINEUX (DEMI-NEUF) COLSON (PETIT ŒIL) UN CRAN.

1234567890 — INTERLIGNÉ DE DEUX POINTS. — 1234567890

Entre la vallée du Jourdain et les plaines de l'Idumée, s'étend une chaîne de montagnes qui commence aux champs fertiles de la Galilée, et va se perdre dans les sables de l'Yémen. Au centre de ces montagnes se trouve un bassin aride, fermé de toutes parts par des sommets jaunes et rocailleux ; ces sommets ne s'entr'ouvrent

INTERLIGNÉ D'UN POINT.

Entre la vallée du Jourdain et les plaines de l'Idumée, s'étend une chaîne de montagnes qui commence aux champs fertiles de la Galilée, et va se perdre dans les sables de l'Yémen. Au centre de ces montagnes se trouve un bassin aride, fermé de toutes parts par des sommets jaunes et rocailleux ; ces sommets ne s'entr'ouvrent

NON-INTERLIGNÉ.

Entre la vallée du Jourdain et les plaines de l'Idumée, s'étend une chaîne de montagnes qui commence aux champs fertiles de la Galilée, et va se perdre dans les sables de l'Yémen. Au centre de ces montagnes se trouve un bassin aride, fermé de toutes parts par des sommets jaunes et rocailleux ; ces sommets ne s'entr'ouvrent

Huit italique ferrugineux (petit œil) Colson, un cran.

(Il n'y a pas de Capitales.)

Entre la vallée du Jourdain et les plaines de l'Idumée, s'étend une chaîne de montagnes qui commence aux champs fertiles de la Galilée et va se perdre dans les sables de l'Yémen. Au centre de ces montagnes se trouve un bassin aride, fermé de toutes parts par des sommets jaunes et rocailleux ; ces sommets ne s'entr'ouvrent

---

HUIT FERRUGINEUX (GROS ŒIL) COLSON, DEUX CR. BAS ET UN CR. HAUT.

1234567890 — INTERLIGNÉ DE DEUX POINTS. — 1234567890

Entre la vallée du Jourdain et les plaines de l'Idumée, s'étend une chaîne de montagnes qui commence aux champs fertiles de la Galilée, et va se perdre dans les sables de l'Yémen. Au centre de ces montagnes se trouve un bassin aride, fermé de toutes parts par des sommets jaunes et rocailleux ; ces sommets

INTERLIGNÉ D'UN POINT.

Entre la vallée du Jourdain et les plaines de l'Idumée, s'étend une chaîne de montagnes qui commence aux champs fertiles de la Galilée, et va se perdre dans les sables de l'Yémen. Au centre de ces montagnes se trouve un bassin aride, fermé de toutes parts par des sommets jaunes et rocailleux ; ces sommets

NON-INTERLIGNÉ.

Entre la vallée du Jourdain et les plaines de l'Idumée, s'étend une chaîne de montagnes qui commence aux champs fertiles de la Galilée, et va se perdre dans les sables de l'Yémen. Au centre de ces montagnes se trouve un bassin aride, fermé de toutes parts par des sommets jaunes et rocailleux ; ces sommets

HUIT ITALIQUE FERRUGINEUX (GROS OEIL) UN CRAN.

Entre la vallée du Jourdain et les plaines de l'Idumée, s'étend une chaîne de montagnes qui commence aux champs fertiles de la Galilée, et va se perdre dans les sables de l'Yémen. Au centre de ces montagnes se trouve un bassin aride, fermé de toutes parts par des sommets jaunes et rocailleux ; ces sommets ne s'entr'ouvrent

---

1234567890 — NEUF MARCELLIN-LEGRAND, TROIS CRANS — 1234567890

INTERLIGNÉ DE DEUX POINTS.

Entre la vallée du Jourdain et les plaines de l'Idumée, s'étend une chaîne de montagnes qui commence aux champs fertiles de la Galilée, et va se perdre dans les sables de l'Yémen. Au centre de ces montagnes se trouve un bassin aride, fermé de toutes parts par des sommets jaunes et rocailleux ; ces sommets ne s'en-

INTERLIGNÉ D'UN POINT.

Entre la vallée du Jourdain et les plaines de l'Idumée, s'étend une chaîne de montagnes qui commence aux champs fertiles de la Galilée, et va se perdre dans les sables de l'Yémen. Au centre de ces montagnes se trouve un bassin aride, fermé de toutes parts par des sommets jaunes et rocailleux ; ces sommets ne s'en-

NON-INTERLIGNÉ.

Entre la vallée du Jourdain et les plaines de l'Idumée, s'étend une chaîne de montagnes qui commence aux champs fertiles de la Galilée, et va se perdre dans les sables de l'Yémen. Au centre de ces montagnes se trouve un bassin aride, fermé de toutes parts par des sommets jaunes et rocailleux; ces sommets ne s'en-

---

NEUF ADRESSES, (Thorey Gerdès), un cran bas et un cran haut. 1234567

Entre la vallée du Jourdain et les plaines de l'Idumée s'étend une chaîne de montagnes qui commence aux champs fertiles de la Galilée, et va se perdre dans les sables de l'Yémen. Au centre de ces montagnes se trouve un bassin aride, fermé de toutes parts par des sommets jaunes et rocailleux;

1234567890 — NEUF FERRUGINEUX COLSON, UN CRAN. — 1234567890

INTERLIGNÉ DE DEUX POINTS.

Entre la vallée du Jourdain et les plaines de l'Idumée s'étend une chaîne de montagnes qui commence aux champs fertiles de la Galilée et va se perdre dans les sables de l'Yémen. Au centre de ces montagnes se trouve un bassin aride, fermé de toutes parts par des sommets jaunes et rocailleux;

INTERLIGNÉ D'UN POINT.

Entre la vallée du Jourdain et les plaines de l'Idumée, s'étend une chaîne de montagnes qui commence aux champs fertiles de la Galilée et va se perdre dans les sables de l'Yémen. Au centre de ces montagnes se trouve un bassin aride, fermé de toutes parts par des sommets jaunes et rocailleux;

NON-INTERLIGNÉ.

Entre la vallée du Jourdain et les plaines de l'Idumée, s'étend une chaîne de montagnes qui commence aux champs fertiles de la Galilée, et va se perdre dans les sables de l'Yémen. Au centre de ces montagnes se trouve un bassin aride, fermé de toutes parts par des sommets jaunes et rocailleux;

NEUF FERRUGINEUX THOREY, UN CR. BAS ET UN CR. HAUT.

1234567890 — INTERLIGNÉ DE DEUX POINTS. — 1234567890

Entre la vallée du Jourdain et les plaines de l'Idumée, s'étend une chaîne de montagnes qui commence aux champs fertiles de la Galilée, et va se perdre dans les sables de l'Yémen, Au centre de ces montagnes se trouve un bassin aride, fermé de toutes parts par des sommets jaunes et rocailleux;

INTERLIGNÉ D'UN POINT.

Entre la vallée du Jourdain et les plaines de l'Idumée, s'étend une chaîne de montagnes qui commence aux champs fertiles de la Galilée, et va se perdre dans les sables de l'Yémen. Au centre de ces montagnes se trouve un bassin aride, fermé de toutes parts par des sommets jaunes et rocailleux;

NON-INTERLIGNÉ.

Entre la vallée du Jourdain et les plaines de l'Idumée, s'étend une chaîne de montagnes qui commence aux champs fertiles de la Galilée, et va se perdre dans les sables de l'Yémen. Au centre de ces montagnes se trouve un bassin aride, fermé de toutes parts par des sommets jaunes et rocailleux;

NEUF FERRUGINEUX (VIEUX) COLSON, UN CRAN.

1234567890 — INTERLIGNÉ DE DEUX POINTS. — 1234567890

Entre la vallée du Jourdain et les plaines de l'Idumée, s'étend une chaîne de **montagnes** qui commence aux champs fertiles de la Galilée, et va se perdre dans les sables de l'Yémen. Au centre de ces montagnes se trouve un bassin aride, fermé de toutes parts par des sommets jaunes et rocailleux;

INTERLIGNÉ D'UN POINT.

Entre la vallée du Jourdain et les plaines de l'Idumée, s'étend une chaîne de montagnes qui commence aux champs fertiles de la Galilée, et va se perdre dans les sables de l'Yémen. Au centre de ces montagnes se trouve un bassin aride, fermé de toutes parts par des sommets jaunes et rocailleux;

NON-INTERLIGNÉ.

Entre la vallée du Jourdain et les plaines de l'Idumée, s'étend une chaîne de montagnes qui commence aux champs fertiles de la Galilée, et va se perdre dans les sables de l'Yémen. Au centre de ces montagnes se trouve un bassin aride, fermé de toutes parts par des sommets jaunes et rocailleux;

NEUF THOREY (GERDÈS), UN CR. BAS ET UN CR. HAUT.

1234567890 — Interligné de deux points. — 1234567890

Entre la vallée du Jourdain et les plaines de l'Idumée, s'étend une chaîne de montagnes qui commence aux champs fertiles de la Galilée, et va se perdre dans les sables de l'Yémen. Au centre de ces montagnes se trouve un bassin aride, fermé de toutes parts par des sommets jaunes et rocailleux;

Interligné d'un point.

Entre la vallée du Jourdain et les plaines de l'Idumée, s'étend une chaîne de montagnes qui commence aux champs fertiles de la Galilée, et va se perdre dans les sables de l'Yémen. Au centre de ces montagnes se trouve un bassin aride, fermé de toutes parts par des sommets jaunes et rocailleux;

Non-interligné.

Entre la vallée du Jourdain et les plaines de l'Idumée s'étend une chaîne de montagnes qui commence aux champs fertiles de la Galilée, et va se perdre dans les sables de l'Yémen. Au centre de ces montagnes se trouve un bassin aride, fermé de toutes parts par des sommets jaunes et rocailleux,

NEUF ITALIQUE FERRUGINEUX COLSON, UN CRAN.

Entre la vallée du Jourdain et les plaines de l'Idumée, s'étend une chaine de montagnes qui commence aux champs fertiles de la Galilée, et va se perdre dans les sables de l'Yémen. Au centre de ces montagnes se trouve un bassin

1234567890 — DIX THOREY, UN CRAN. — 1234567890

INTERLIGNÉ DE DEUX POINTS.

Entre la vallée du Jourdain et les plaines de l'Idumée, s'étend une chaîne de montagnes qui commence aux champs fertiles de la Galilée, et va se perdre dans les sables de l'Yémen. Au centre de ces montagnes se trouve un bassin aride, fermé de toutes parts par des sommets jaunes

INTERLIGNÉ D'UN POINT.

Entre la vallée du Jourdain et les plaines de l'Idumée, s'étend une chaîne de montagnes qui commence aux champs fertiles de la Galilée, et va se perdre dans les sables de l'Yémen. Au centre de ces montagnes se trouve un bassin aride, fermé de toutes parts par des sommets jaunes

NON-INTERLIGNÉ.

Entre la vallée du Jourdain et les plaines de l'Idumée, s'étend une chaîne de montagnes qui commence aux champs fertiles de la Galilée, et va se perdre dans les sables de l'Yémen. Au centre de ces montagnes se trouve un bassin aride, fermé de toutes parts par des sommets jaunes

---

DIX FERRUGINEUX (GROS OEIL) COLSON, DEUX CRANS BAS.

NON-INTERLIGNÉ.

Entre la vallée du Jourdain et les plaines de l'Idumée, s'étend une chaîne de montagnes qui commence aux champs fertiles de la Galilée, et va se perdre dans les sables de l'Yémen. Au centre de ces montagnes se trouve un bassin aride, fermé de toutes parts par des sommets

INTERLIGNÉ D'UN POINT.

Entre la vallée du Jourdain et les plaines de l'Idumée, s'étend une chaîne de montagnes qui commence aux champs fertiles de la Galilée, et va se perdre dans les sables de l'Yémen. Au centre de ces montagnes se trouve un bassin aride, fermé de toutes parts par des sommets

1234567890 — INTERLIGNÉ DE DEUX POINTS. — 1234567890

Entre la vallée du Jourdain et les plaines de l'Idumée, s'étend une chaîne de montagnes qui commence aux champs fertiles de la Galilée, et va se perdre dans les sables de l'Yémen. Au centre de ces montagnes se trouve un bassin aride, fermé de toutes parts par des sommets

DIX ITALIQUE FERRUGINEUX COLSON, DEUX CRANS BAS.

Entre la vallée du Jourdain et les plaines de l'Idumée, s'étend une chaîne de montagnes qui commence aux champs fertiles de la Galilée, et va se perdre dans les sables de l'Yémen. Au centre de ces montagnes se trouve un bassin aride, fermé de toutes parts par des sommets jaunes

ONZE (VIEUX) THOREY, DEUX CRANS BAS.

1234567890 — INTERLIGNÉ DE DEUX POINTS. — 1234567890

Entre la vallée du Jourdain et les plaines de l'Idumée, s'étend une chaîne de montagnes qui commence aux champs fertiles de la Galilée, et va se perdre dans les sables de l'Yémen. Au centre de ces montagnes se trouve un bassin aride, fermé de

INTERLIGNÉ D'UN POINT.

Entre la vallée du Jourdain et les plaines de l'Idumée, s'étend une chaîne de montagnes qui commence aux champs fertiles de la Galilée, et va se perdre dans les sables de l'Yémen. Au centre de ces montagnes se trouve un bassin aride, fermé de

NON-INTERLIGNÉ.

Entre la vallée du Jourdain et les plaines de l'Idumée, s'étend une chaîne de montagnes qui commence aux champs fertiles de la Galilée, et va se perdre dans les sables de l'Yémen.

1234567890 — ONZE (NEUF) THOREY, UN CRAN. — 1234567890

Interligné de deux points. — Il n'y a pas de petites-capitales.

Entre la vallée du Jourdain et les plaines de l'Idumée, s'étend une chaîne de montagnes qui commence aux champs fertiles de la Galilée, et va se perdre dans les sables de l'Yémen. Au centre de ces montagnes se trouve un bassin aride, fermé de toutes

Interligné d'un point.

Entre la vallée du Jourdain et les plaines de l'Idumée, s'étend une chaîne de montagnes qui commence aux champs fertiles de la Galilée, et va se perdre dans les sables de l'Yémen. Au centre de ces montagnes se trouve un bassin aride, fermé de toutes

Non-interligné.

Entre la vallée du Jourdain et les plaines de l'Idumée, s'étend une chaîne de montagnes qui commence aux champs fertiles de la Galilée et va se perdre dans les sables de l'Yémen. Au centre

ONZE ITALIQUE THOREY, DEUX CRANS BAS.

Entre la vallée du Jourdain et les plaines de l'Idumée, s'étend une chaîne de montagnes qui commence aux champs fertiles de la Galilée, et va se perdre dans les sables de l'Yémen. Au centre

TREIZE RAYMOND-PINARD, UN CRAN.

1234567890 INTERLIGNÉ DE DEUX POINTS. 1234567890

Entre la vallée du Jourdain et les plaines de l'Idumée, s'étend une chaîne de montagnes qui commence aux champs fertiles de la Galilée, et va se perdre dans les sables de l'Yémen. Au centre de ces montagnes

INTTERLIGNÉ D'UN POINT.

Entre la vallée du Jourdain et les plaines de l'Idumée, s'étend une chaîne de montagnes qui commence aux champs fertiles de la Galilée, et va se perdre dans les sables de l'Yémen. Au centre de ces montagnes

NON-INTERLIGNÉ.

Entre la vallée du Jourdain et les plaines de l'Idumée, s'étend une chaîne de montagnes qui commence aux champs fertiles de la Galilée, et va se perdre dans les sables de l'Yémen. Au centre de ces montagnes

TREIZE ITALIQUE, RAYMOND-PINARD, UN CRAN.

Entre la vallée du Jourdain et les plaines de l'Idumée, s'étend une chaîne de montagnes qui commence aux champs fertiles de la Galilée, et va se perdre dans les sables de l'Yémen. Au centre de ces montagnes se trouve un

GROS ROMAIN MAIGRE. 1234567890

Entre la vallée du Jourdain et les plaines de l'Idumée, s'étend une chaîne de montagnes qui commence aux champs fertiles de la Galilée, et va se perdre dans les sables de

INITIALES MAIGRES.

Corps 11.

INCONSTITUTIONNELLEMENT. MARSEILLE. POISSY.

Corps 12.

INCONSTITUTIONNELLEMENT. MÉDITERRANÉE.

Corps 14.

INCONSTITUTIONNELLEMENT. MADAGASCAR.

Corps 16.

INCONSTITUTIONNELLEMENT. MARSEILLE.

Corps 20.

INCONSTITUTIONNELLEMENT. AMIENS.

Corps 16.

INCONSTITUTIONNELLEMENT. PARIS.

Corps 24.

INCONSTITUTIONNELLEMENT

Corps 18.

INCONSTITUTIONNELLEMENT.

Corps 28.

LA VEUVE INCONSOLABLE.

Corps 20.

CONSTITUTIONNELLEMENT.

Corps 22.

INCONSTITUTIONNELLE.

Corps 24.

CONSTITUTIONNELLE.

Corps 36.

CONSTITUTIONNEL.

Corps 28.

CONSTITUTIONNEL

Corps 32.

INCONSTITUTION.

Corps 36.

CONSTITUTION.

Corps 44.

CONSTITUTION.

Corps 37.

CONSTITUTION.

Corps 40.

CONSTITUTION.

Corps 41.

MARSEILLAIS.

Corps 44.

MARSEILLAIS

Corps 45.

COMPTEUR.

Corps 48.

MARSEILLE.

Corps 52.

ROMANIE.

Corps 57.

ROMANIE.

Corps 66.

AMIENS.

LETTRES GRASSES.

Corps 8.

ENTRE LA VALLÉE DU JOURDAIN ET LA PLAINE — 1234567890.

Corps 8, bas de casse du précédent.

Entre la vallée du Jourdain et la plaine de l'Idumée, s'étend une chaîne de monts.

Corps 9.

BOULOGNE, STRASBOURG, VERSAILLES, ST-MAUR, PARIS

Corps 11.

ENTRE LA VALLÉE DU JOURDAIN.

Corps 11, bas de casse du précédent.

Entre la vallée du Jourdain et les plaines de l'Idumée.

Corps 12.

BEAUX-ARTS, INDUSTRIE ET COMMERCE.

Corps 14.

COMPAGNIE FRANÇAISE ET AMÉRICAINE.

Corps 17. Gros-Romain.

VENTE IMMOBILIÈRE, ENTRE

Corps 17, petites capitales du précédent.

MÉMOIRE DU DUC DE CONDÉ.

Corps 17, bas de casse du précédent.

Paris est la capitale du monde civilisé.

Corps 17, Gros-Romain.

***GROS ROMAIN ITALIQUE* 34**

Corps 17, bas de casse du précédent.

qui a quitté Paris pour courir sur la

Corps 15.

VIVEZ EN PAIX, MES FRÈRES

Corps 15, plus étroit que le précédent.

LA NATION FRANÇAISE SERA

Corps 18 1/2.

LES PEUPLES ET LES RI

Corps 22, Palestine.

PALESTINE ROMAIN. 123456

Corps 22, petites capitales du précédent.

ET POURTANT ELLE TOURNAIT.

Corps 22, bas de casse du précédent.

nous n'avons pas oublié, dit-il, le

Corps 22.

PALESTINE ITALIQUE 2451

Corps 22, bas de casse du précédent.

au plus offrant et dernier enchér

Corps 20.

ÉTATS D'AMÉRIQUE T

Corps 28, Petit-Canon.

PETIT CANON ROMA.

Corps 28, petites capitales du précédent.

MÉNAGEONS-LE, MESSIEURS

Corps 28, bas de casse du précédent.

Vente immobilière 12345

Corps 28.

PETIT-CANON ITALI

Corps 28, bas de casse du précédent.

c'est ainsi qu'en partant j

Corps 26.

RÉPUBLIQUE FI

Corps 33.

LE MONITEUR

Corps 40, Gros-Canon.

GROS CANON

Corps 40, petites capitales du précédent.

PETITES CAPITALES

Corps 40, bas de casse du précédent.

considérant que 2

Corps 40.

GROS CANON

Corps 40, bas de casse du précédent.

considérant que 8

Corps 41.

ESTAFET

Corps 52.

COLLISI

Corps 67.

LISETT.

Corps 67, petites capitales du précédent.

AFRIQUE 4-

Corps 67, bas de casse du précédent.

promesses

Corps 78.

BALE

Corps 82.

NILE

Corps 88.

MES

Corps 118.

PLO

Corps 132.

ICI

Corps 165.

Corps 199.

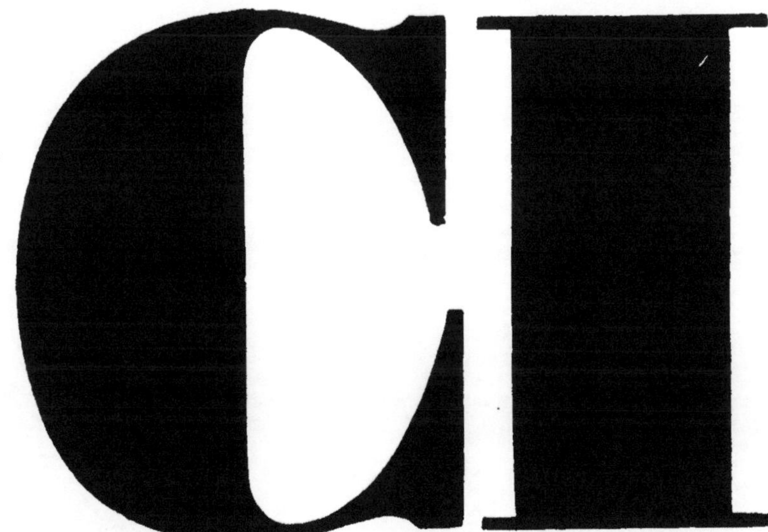

DOUBLES GRASSES.

Corps 6.

ENTRE LA VALLÉE DU JOURDAIN ET LES PLAINES DE L'IDUMÉE.

Corps 6, bas de casse du précédent.

S'étend une chaîne de montagnes qui commence aux champs fertiles de la

Corps 6.

GALILÉE, ET VA SE PERDRE DANS LES SABLES DE L'YÉMEN.

Corps 7.

IL Y A TANT DE MISÈRE DANS L'HOMME ; DE QUELQUE COTÉ QU'IL PORTE SES

Corps 7, petites capitales du précédent.

VOYEZ CE QUI SE PASSE DANS LE MONDE; VOYEZ CETTE FOULE MUETTE ET

Corps 7, bas de casse du précédent.

Entendez-les pousser des plaintes amères et avouer en soupirant que, 1234567890.

Corps 7.

AU CENTRE DE CES MONTAGNES SE TROUVE UN BASSIN.

Corps 8.

CHEMINS DE FER DE BORDEAUX, LYON, STRASBOURG, CETT

Corps 8, bas de casse du précédent.

Il y a tant de misère dans l'homme ; de quelque côté qu'il

Corps 8.

RENCONTRE MALHEUREUSEMENT NÉANT LILL

Corps 8, bas de casse du précédent.

Il y a tant de misère dans l'homme ; de quelque que

Corps 9.

IMPRIMERIE CENTRALE ET EN COMMUN

Corps 11.

TANT DE MISÈRE DANS L'HOMME ET LES

Corps 11, bas de casse du précédent.

Rarement on arrive à la fortune, objet de me

Corps 11.

VOYEZ CETTE FOULE QUI PASSE ET

Corps 11, bas de casse du précédent.

Rarement on arrive à la fortune, objet de

Corps 72.

DIEU

Corps 107.

Nail

Corps 128.

Ile.

Corps 150.

Ma

ANTIQUES ALLONGÉES.

Corps 6.

ENTRE LA VALLÉE DU JOURDAIN ET LES PLAINES DE L'IDUMÉE, S'ÉTEND UNE CHAINE DE MONTAGNE.

Corps 9, un cran.

ENTRE LA VALLÉE DU JOURDAIN ET LES PLAINES DE L'IDUMÉE,

Corps 10.

ENTRE LA VALLÉE DU JOURDAIN ET LES PLAINES DE L'IDUMÉE.

Corps 12.

ADJUDICATIONS IMMOBILIÈRES, BIENS RURAUX, 1234567890

Corps 13.

JOURNAL GÉNÉRAL D'AFFICHES ET DE 367

Corps 14.

INFANTERIE, CAVALERIE, ARTILLERIE, MARINE.

Corps 14.

HISTOIRE DU CONSULAT ET DE L'EMPIRE.

Corps 16.

ANNONCES JUDICIAIRES LÉGALES 68

Corps 18 1/2.

ADMINISTRATION MILITAIRE 531

Corps 26.

LE CAPITAINE KOOK. 6

Corps 41.

CONSTITUTION

Corps 48.

LA MARTINIQUE

Corps 52.

MAROCAINE

Corps 96.

JAURI

Corps 118.

JAYER

Corps 177.

PEC

ÉGYPTIENNES.

Corps 6.

RAREMENT ON ARRIVE A LA FORTUNE, OBJET DE TANT DE VŒUX.

Corps 7.

RAREMENT ON ARRIVE A LA FORTUNE, OBJET DE TANT D'AM-

Corps 7, petites capitales du précédent.

VOYEZ CE QUI SE PASSE DANS LE MONDE; VOYEZ LA FOULE, ETC.

Corps 7, bas de casse du précédent.

De quelque côté que l'homme porte ses regards, il ne rencontre que néant

Corps 9.

L'ASSEMBLÉE NATIONALE EST ÉLUE POUR TROIS AN

Corps 11.

BANQUE DE FRANCE, CAISSE D'ÉPARGNE. 214

Corps 11, bas de casse du précédent.

Compagnies française, anglaise, américaine, etc., etc. 567

Corps 17.

GROS ROMAIN ÉGYPTIEN 357

Corps 17, bas de casse du précédent.

On annonce que jusqu'à ce jour les dépar

Corps 16.

RÉPUBLIQUE, ESTAFETTE M

Corps 26.

GOUVERNEMENT

Corps 28.

PRUSSE, ASIE

Corps 40 3/4.

STRASBOU

Corps 66.

PARISI

Corps 78

BALO

ÉGYPTIENNES ALLONGÉES.

Corps 12.

LE CONSEIL D'ÉTAT SERA COMPOSÉ DE SIX 12345678.

Corps 14.

TABLEAU COMPARATIF DES 1ER JANVIER

Corps 14.

LES MILLE ET UN ROMANS, FEUILLETONS. 567

Corps 15.

ADMINISTRATION DES VOITURES PUBLIQUES.

Corps 16.

QUE CELUI D'ENTRE VOUS QUI SE TROUVE

Corps 18.

ANNONCES JUDICIAIRES ET LÉGALES NT

Corps 24.

ENTRE LES MAINS DE CELUI QUI

Corps 28.

LONDRES, SAINT-PÉTERSBOURG.LIL

Corps 28, bas de casse du précédent.

Décrets et Actes du Gouvernement. 34

Corps 33 1/2.

DEVOIRS DE L'HOMME.97

Corps 32.

ENTRE LA VALLÉE DU JOUR-

Corps 32, bas de casse du précédent.

entre la vallée du Jourdain et les

Corps 36.

ENTRE LA VALLÉE DU

Corps 36, bas de casse du précédent,

Entre la vallée du Jourdain et

Corps 37.

CONSTITUTION.

Corps 44 1/2.

LA LOI ET JUSTICE.67

Corps 48.

FILS D'ULYSSE.

Corps 74.

HOMME

Corps 81.

ASSEMBLÉE

Corps 90.

CROIS

Corps 100.

TRI

Corps 150.

LOISIR

Corps 150.

BIF

Corps 174.

Corps 264

Corps 336.

Corps 336.

Corps 388

Il n'y a que le mot *la République*.

CAPILLAIRES.

Corps 9.

ENTRE LA VALLÉE DU JOURDAIN ET LES PLAINES DE L'IDUMÉE, S'ÉTEND UNE CHAINE DE MONTAGNES QUI COM-

Corps 9, bas de casse du précédent.

Entre la vallée du Jourdain et les plaines de l'Idumée, s'étend une chaîne de montagnes qui commence aux champs fertiles de

Corps 12.

ENTRE LA VALLÉE DU JOURDAIN ET LES PLAINES DE L'IDUMÉE, S'ÉTEND UNE CHAI-

Corps 12, bas de casse du précédent.

Entre la vallée du Jourdain et les plaines de l'Idumée, s'étend une chaîne de montagne

ÉTROITES.

Corps 9.

ENTRE LA VALLÉE DU JOURDAIN ET LES PLAINES DE L'IDUMÉE, S'ÉTEND UNE CHAINE DE MONTAGNES

Corps 9, bas de casse du précédent.

Entre la vallée du Jourdain et les plaines de l'Idumée, s'étend une chaîne de montagnes qui s'étend au

Corps 11.

L'ADMINISTRATION DU JOURNAL GÉNÉRAL D'AFFICHES PUBLIE UN JOURN. 53594

Corps 14.

VENTE IMMOBILIÈRE. ŒUVRES DE PIERRE--JOSEPH PROUDHON

Corps 14, bas de casse du précédent.

Biens ruraux, et biens de ville hors Paris. Musée des familles. 1246760

Corps 16.

L'ADMINISTRATION SE CHARGE EN OUTRE DE LA CONFECTION 23

Corps 20.

VENTE SUR LICITATION ENTRE MAJEURS ET

Corps 24.

ENTRE LA VALLÉE DU JOUR-

Corps 29 1/2.

LE MONITEUR DES SPECTACLES.

Corps 36.

LES ÉPREUVES QU'ILS

Corps 40.

INSTITUT DE FRAN

Corps 44.

ŒUVRES DE J.-J. ROUSSEAU. 21

Corps 48.

LA DÉMOCRATIE.

Corps 71.

ASSEMBLÉE NATION.

Corps 160.

MILLIONNAIRE

ALLONGÉES.

Corps 13.

LE PRIX DES PLACES NE SERA PAS AUGMENTÉ.

Corps 13, petites capitales du précédent.

ENTRE LA VALLÉE DU JOURDAIN ET LES PLAINES DE L'IDUMÉE, S'ÉTEND UNE

Corps 13, bas de casse du précédent.

Entre la vallée du Jourdain et les plaines de l'Idumée, s'étend une

Corps 15.

VENTE PAR SUITE D'ADJUDICATION VOLONTAIRE

Corps 15, bas de casse du précédent.

L'adjudication aura lieu le Jeudi 29 août 1850673426 en suiss

Corps 15.

PAR SUITE DE SURENCHÈRE DU DIXIÈME 234

Corps 14.

ENTRE LA VALLÉE DU JOURDAIN ET LES

Corps 18 1/2

LE REVENU DE CETTE BELLE TERR 13

Corps 22, Allongées.

ENTRE LA VALLÉE DU JOURDAIN ET LES

Corps 22, bas de casse du précédent.

Entre la vallée du Jourdain et les plaines de

Corps 22, Étroites.

ENTRE LA VALLÉE DU JOURDAIN

Corps 22, petites capitales du précédent.

ENTRE LA VALLÉE DU JOURDAIN ET LES PLAI-

Corps 22, bas de casse du précédent.

Entre la vallée du Jourdain et les plai-

Corps 20.

LE BUREAU DU JOURNAL EST 21

Corps 26.

VENTE SUR LICITATION ENTRE

Corps 32

ENTRE LA VALLÉE DU JOUR-

Corps 32, bas de casse du précédent.

Entre la vallée du Jourdain et les

Corps 29 1/2.

LE REVENU ANNUEL EST

Corps 44.

HISTOIRE D'ITALIE.

Corps 44, bas de casse du précédent.

La composition

Corps 45.

HABITATION 123

Corps 52.

VICTORINE 56

Corps 66.

RUSSIE

Corps 93.

MONIT.

Corps 144.

AME

Corps 258.

RACCOURCIES.

Corps 7 1/4.

L'HOMME FAIT DIEU 8

Corps 12.

LA MALMAISON 3

BLANCHES, FOND NOIR.

Corps 12.

IL FUT BON PÈR

Corps 16.

QUAND EST-CE QU'AU CORPS.

Corps 19 1/2.

IL FUT BON PÈRE.

ITALIENNES.

Corps 13.

FRANCE, ANGLETERRE, ESPAGNE ITA

Corps 16.

ENTRE LA VALLÉE DU JOURDAIN

Corps 16, bas de casse du précédent.

Entre la vallée du Jourdain et les plaines de

Corps 18 1/2.

LA DÉMOCRATIE A FAIT

FANTAISIES, BLANCHES, OMBRÉES, ETC.

Corps 6.

PARIS, BOULOGNE, STRASBOURG MARSEILLE.

Corps 9.

ENTRE LA VALLÉE DU JOURDAIN ET LES PLAINES DE L'IDUMÉE,

Corps 9, bas de casse du précédent,

Entre la vallée du Jourdain et les plaines de l'Idumée, s'étend une chaîne de monta-

Corps 11.

ENTRE LA VALLÉE DU JOURDAIN ET LES PLAI-

Corps 13.

ENTRE LA VALLÉE DU JOURDAIN ET LES

Corps 13.

ENTRE LA VALLÉE DU JOURDAIN ET LE

Corps 15.

ADJUDICATION IMMOBILIÈRE LA

Corps 16.

ENTRE LA VALLÉE DU JOURDAIN ET

Corps 19.

LA PLACE DE LA CONCORDE.

Corps 20.

ENTRE LA VALLÉE DU

Corps 26.

LA RÉPUBLIQUE

Corps 26.

ASTROLOGIQUE

Corps 29 1/2.

NOSTRADAMUS.

Corps 32.

LES HOMMES DOIVENT.

Corps 40 1/4.

PARIS.

Corps 52.

FRANCE

GOTHIQUES.

Corps 11, un cran bas.

Entre la vallée du Jourdain et les plaines de l'Idumée, s'étend une

Corps 11, un cran au milieu.

Entre la vallée du Jourdain et les plaines de l'Idumée, s'étend une

Corps 16.

Entre la vallée du Jourdain et les plaines de

Corps 20.

Corps 22.

Entre la vallée du Jourdain et les

Corps 41.

Entre la vallée du Jou-

Corps 66 1/2

Pastilles.

Corps 75.

Italique Chauveau, corps 12.

ENTRE LA VALLÉE DU JOURDAIN ET LES PLAINES

Corps 12, bas de casse du précédent.

Entre la vallée du Jourdain et les plaines de l'Idumée, s'étend une

RONDES ET ANGLAISES.

Corps 16.

Entre la vallée du Jourdain et les plaines de l'Idumée,

Corps 20 1/4.

LES CAPITALES ANGLAISES

Corps 20, bas de casse du précédent.

Entre la vallée du Jourdain et les plaines de

Corps 40 1/2.

COMPOSITION?

Corps 40 1/2, bas de casse du précédent.

Entre la vallée du Jourd-

GREC, SIGNES, ETC.

Corps 7 1/4.

Ευροπε, Ασιε, Αλλεμαγνε, Ιταλιε, Μιλαν, Ναπλες, Μαρσειλλε, Τυριν, Λιλλε, Ναντες, Λονδρες.

Corps 9.	Corps 8.	Corps 7.	Corps 6.
⅛ ¼ ½ ¾ ⅜ ⅝ ⅞	½ ¼ ¾ ⅛ ⅜ ⅝ ⅞	⅛ ⅜ ⅝ ⅞	½ ¼ ¾ ⅛ ⅜ ⅝ ⅞

Corps 6.

+ ± × > √ : = :: £ ● ☽ ☾

SUPPLÉMENTS.

Paris. — Imprimerie de DUBUISSON, rue Coq-Héron, 5.

www.ingramcontent.com/pod-product-compliance
Ingram Content Group UK Ltd.
Pitfield, Milton Keynes, MK11 3LW, UK
UKHW021120260726
13994UKWH00002B/947

9 782329 458465